Cristofer Cuarezma
Carlos Mendoza

Cérebros digitais

Cristofer Cuarezma
Carlos Mendoza

Cérebros digitais

Software para veículos autónomos

ScienciaScripts

Imprint
Any brand names and product names mentioned in this book are subject to trademark, brand or patent protection and are trademarks or registered trademarks of their respective holders. The use of brand names, product names, common names, trade names, product descriptions etc. even without a particular marking in this work is in no way to be construed to mean that such names may be regarded as unrestricted in respect of trademark and brand protection legislation and could thus be used by anyone.

Cover image: www.ingimage.com

This book is a translation from the original published under ISBN 978-613-9-46808-9.

Publisher:
Sciencia Scripts
is a trademark of
Dodo Books Indian Ocean Ltd. and OmniScriptum S.R.L publishing group

120 High Road, East Finchley, London, N2 9ED, United Kingdom
Str. Armeneasca 28/1, office 1, Chisinau MD-2012, Republic of Moldova, Europe
Managing Directors: Ieva Konstantinova, Victoria Ursu
info@omniscriptum.com

Printed at: see last page
ISBN: 978-620-8-63661-6

DEDICAÇÃO

Com profunda gratidão, dedico este trabalho aos professores da **Universidad Americana (UAM)**, que, com a sua orientação e dedicação, foram faróis de sabedoria e formação neste percurso académico. Os seus ensinamentos não só alimentaram os meus conhecimentos, mas também o meu carácter e as minhas aspirações.

À minha mãe, **Silvia Ruiz Flores**, cuja força, amor inabalável e palavras de encorajamento têm sido o meu refúgio nos momentos difíceis. Mãe, a tua fé em mim iluminou cada passo que dei.

Ao meu pai, **Fernando Cuarezma Montoya**, por ser um pilar de valores, disciplina e motivação. Pai, os teus conselhos e o teu apoio constante foram a base das minhas conquistas.

A **Deus**, fonte inesgotável de força, sabedoria e esperança, que guiou o meu caminho com amor divino e tornou possível o que parecia inatingível.

Por último, a todas as pessoas que, com o seu apoio incondicional e confiança em mim, contribuíram para a realização deste sonho. As vossas palavras, acções e companhia deixaram uma marca indelével na minha vida.

Esta conquista é tanto minha como vossa. Com todo o meu coração, obrigado!

Índice

PREÂMBULO

Desde tempos imemoriais que o ser humano sonha com a autonomia total das suas criações. Hoje, este sonho materializou-se em veículos autónomos: máquinas que não só nos transportam, como também pensam, percebem e decidem. Mas o que está por detrás deste avanço que parece saído diretamente da ficção científica? Este livro, **Digital Brains: Software for Autonomous Vehicles**, abre uma janela para o fascinante mundo do software que dá vida a estas inovações.

O objetivo deste texto é convidá-lo a explorar o coração tecnológico de uma revolução que promete redefinir a mobilidade tal como a conhecemos. Desde os sensores que nos permitem "ver" o mundo até aos algoritmos que decidem cada manobra, este livro analisa os meandros do software que faz dos veículos autónomos mais do que simples máquinas.

Para além dos aspectos técnicos, este livro levanta questões fundamentais: que desafios éticos e sociais acompanham esta tecnologia? Como irá mudar a forma como vivemos e trabalhamos? Que papel desempenham a segurança e a fiabilidade nesta equação?

Ao longo das suas páginas, **a Digital Brains** procura não só informar, mas também inspirar. Foi concebido para leitores que pretendem não só compreender a tecnologia, mas também refletir sobre o seu impacto. Engenheiros, estudantes, inovadores e curiosos encontrarão aqui um guia claro e motivador para o mundo dos veículos autónomos e do seu software.

Convido-os a embarcar nesta viagem, a deixarem-se cativar pelos avanços que estão a transformar os transportes e a imaginarem um futuro em que máquinas e humanos trabalham em conjunto para alcançar novas fronteiras.

INTRODUÇÃO

Este livro tem como objetivo fornecer uma visão abrangente dos veículos autónomos, desde os seus fundamentos técnicos até às implicações mais amplas da sua implementação. Ao explorar tanto os fundamentos tecnológicos como os desafios a ultrapassar, o leitor é convidado a refletir sobre o impacto transformador que esta tecnologia terá no futuro da mobilidade e da sociedade em geral. Este livro explora em profundidade os fundamentos, as tecnologias, os desafios e as perspectivas que estão na base do desenvolvimento destes veículos.

O Capítulo 1 introduz os fundamentos conceptuais e técnicos dos veículos autónomos, começando com uma definição e classificação dos seus níveis de autonomia. Inclui uma panorâmica histórica dos principais marcos do seu desenvolvimento e destaca a sua crescente relevância. São examinadas as aplicações actuais e futuras e os benefícios desta tecnologia. Além disso, a arquitetura de software subjacente é pormenorizada, explicando os seus componentes essenciais, a conceção de sistemas distribuídos e a interação entre perceção, tomada de decisões e controlo. Por último, são exploradas estratégias de desenvolvimento ágil e estudos de casos que ilustram arquitecturas bem sucedidas.

O Capítulo 2 analisa as tecnologias, os desafios e as perspectivas dos veículos autónomos, destacando o papel dos sensores, do processamento de dados e da inteligência artificial na tomada de decisões em tempo real. Aborda também a segurança, os desafios regulamentares e os impactos sociais, económicos, éticos e ambientais da sua adoção.

Capítulo 1: Fundamentos de Veículos Autónomos e Arquitetura de Software

Introdução aos veículos autónomos

Na última década, os avanços tecnológicos transformaram significativamente a nossa interação com o ambiente, sendo o desenvolvimento de veículos autónomos um dos mais significativos. Estas inovações prometem não só revolucionar os transportes, mas também redefinir aspectos fundamentais da mobilidade, da segurança rodoviária e da eficiência energética.

Definição e conceito de veículos autónomos

Os veículos autónomos, também designados por veículos sem condutor ou carros inteligentes, representam uma inovação disruptiva na indústria dos transportes. Estes veículos funcionam sem intervenção humana direta através da utilização de tecnologias avançadas, como sensores, câmaras, radares e sistemas de inteligência artificial. A capacidade destes veículos para interpretar o seu ambiente e tomar decisões em tempo real é fundamental para o seu funcionamento seguro e eficiente.

Classificação dos níveis de autonomia

A Society of Automotive Engineers (SAE, 2018) classifica a autonomia dos veículos em níveis de 0 a 5. No nível 0, o condutor tem o controlo total do veículo, sem qualquer assistência automatizada. À medida que se sobe nos níveis, o grau de intervenção humana diminui. Assim, no nível 5, o veículo é totalmente autónomo e capaz de funcionar em todas as condições sem necessidade de intervenção humana. No nível 1, o condutor é assistido em determinadas tarefas, como a direção ou a aceleração. Nos níveis 2 e 3, os veículos podem executar tarefas mais complexas, como mudanças de faixa e navegação em autoestrada, mas continuam a necessitar de supervisão humana. No nível 4, os veículos podem funcionar sem intervenção em ambientes específicos, enquanto o nível 5 não requer qualquer condutor.

A capacidade dos veículos autónomos para analisar dados ambientais e responder de forma segura e eficiente envolve a identificação de obstáculos, a interpretação de sinais de trânsito e a tomada de decisões relacionadas com a velocidade e a direção do veículo. Estas inovações não só redefinem a experiência de condução, como também colocam novos desafios e oportunidades no domínio dos transportes.

Figura **1**

Classificação dos níveis de autonomia.

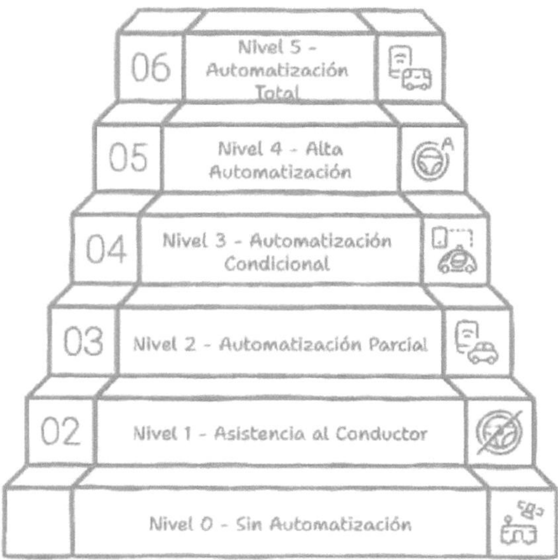

Fonte: Elaboração própria.

História dos veículos autónomos

A história dos veículos autónomos remonta a experiências rudimentares no início do século XX. Um dos primeiros exemplos foi um veículo controlado à distância por Nikola Tesla em 1898, embora não fosse autónomo no sentido atual. Na década de 1980, o desenvolvimento do "Navlab" pelo Massachusetts Institute of Technology (MIT) marcou um avanço significativo na visão artificial aplicada à navegação automóvel (Anderson et al., 2016). Este projeto demonstrou que era possível conceber veículos capazes de "ver" o seu ambiente e reagir em conformidade.

Um marco importante foi o Grande Desafio da DARPA em 2004, que desafiou as equipas de investigação a desenvolver veículos capazes de percorrer um percurso sem intervenção humana. Embora muitos não tenham conseguido completar o percurso, este evento impulsionou significativamente a investigação neste domínio. Desde então, empresas como a Google (agora Waymo) e a Tesla têm liderado o desenvolvimento de veículos autónomos, realizando testes exaustivos e oferecendo funções semi-autónomas através de actualizações de software.

Figura **2**

História dos veículos autónomos.

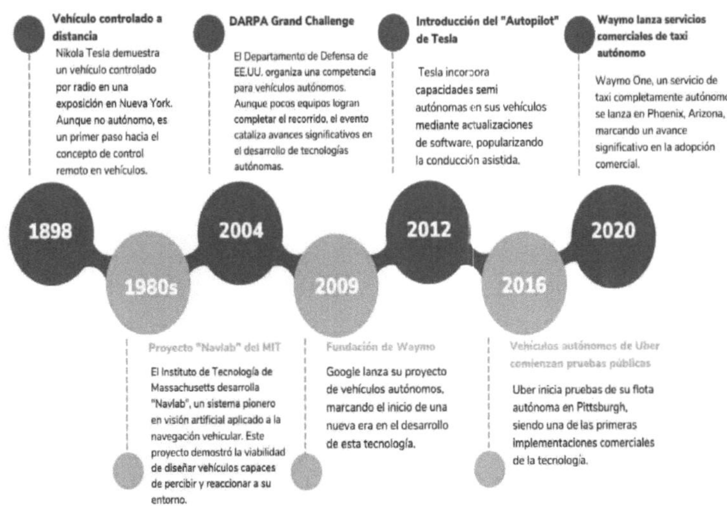

Fonte: Elaboração própria

Importância da tecnologia autónoma

A tecnologia autónoma tem impacto em múltiplos aspectos sociais e económicos. Em primeiro lugar, espera-se que melhore a segurança rodoviária, uma vez que mais de 90% dos acidentes de viação se devem a erro humano (Litman, 2020). Ao eliminar o fator humano, prevê-se uma redução significativa dos acidentes e mortes relacionados com o tráfego. Além disso, esta tecnologia pode otimizar a eficiência do tráfego através da comunicação veículo-veículo (V2V) e da infraestrutura inteligente (V2I), melhorando a experiência do utilizador e reduzindo as emissões geradas pelo congestionamento dos veículos (Fagnant & Kockelman, 2015).

Em termos económicos, espera-se que a adoção de veículos autónomos gere novas indústrias relacionadas com a sua produção e manutenção, fomentando empregos na área da engenharia e da inteligência artificial. Por fim, um dos aspectos mais relevantes da tecnologia autónoma é o facto de facilitar a acessibilidade de pessoas com deficiência ou mobilidade limitada, permitindo-lhes deslocar-se sem depender dos transportes públicos ou privados tradicionais (Goodall, 2014).

Em conclusão, a tecnologia autónoma representa um avanço crucial, oferecendo soluções práticas para problemas societais como a segurança rodoviária, a eficiência do tráfego e a acessibilidade.

Aplicações e benefícios da condução autónoma

A condução autónoma está a transformar a forma como as pessoas e as mercadorias se deslocam, oferecendo soluções inovadoras para problemas de segurança, eficiência e acessibilidade. Esta tecnologia promete não só revolucionar os transportes públicos e privados, mas também facilitar novas formas de logística e emergências médicas, melhorando a qualidade de vida em diversas áreas.

Esta secção explorará as aplicações actuais da condução autónoma em diferentes sectores, desde táxis e autocarros automatizados a entregas e veículos de emergência. Analisará também os principais benefícios que esta tecnologia traz, incluindo a redução de acidentes, a otimização do tráfego e a inclusão social através da acessibilidade para pessoas com mobilidade reduzida. Estes desenvolvimentos mostram o potencial da condução autónoma para redefinir os transportes modernos e o seu impacto na sociedade.

Aplicações actuais e futuras

As aplicações actuais dos veículos autónomos são diversas. Nos transportes públicos, os autocarros autónomos já foram implementados em várias cidades, melhorando a pontualidade e reduzindo os custos operacionais. Também estão a ser desenvolvidos táxis autónomos, como os da Waymo, que permitem aos utilizadores solicitar viagens através de aplicações móveis, oferecendo tarifas competitivas e acessibilidade.

No domínio das entregas automatizadas, empresas como a Amazon estão a explorar a utilização de drones e de veículos terrestres autónomos para melhorar a logística. Os veículos de emergência autónomos, como as ambulâncias, poderão melhorar a rapidez da resposta a emergências, evitando os constrangimentos do tráfego ou a fadiga humana.

Num futuro não muito distante, espera-se que as tecnologias autónomas sejam integradas em veículos de recreio, tractores para agricultura automatizada e camiões de logística urbana, onde os drones complementarão as entregas de última milha.

O futuro dos veículos autónomos promete transformar não só os transportes, mas também a estrutura das cidades e a interação quotidiana.

Benefícios esperados

Espera-se que a condução autónoma traga amplos benefícios, tais como uma redução significativa dos acidentes, graças à eliminação do erro humano (Fagnant & Kockelman, 2015). Além disso, optimizará o tráfego através de sistemas V2V que permitirão um fluxo de tráfego mais suave. A acessibilidade também será melhorada, facilitando o transporte independente para os idosos ou pessoas com mobilidade reduzida (Goodall, 2014).

Em suma, os veículos autónomos representam um grande avanço nos transportes modernos. O seu desenvolvimento contínuo promete melhorar aspectos cruciais da segurança rodoviária e otimizar o tráfego urbano, transformando a forma como interagimos nas nossas cidades.

Arquitetura de software para veículos autónomos

O software é o núcleo que dá vida aos veículos autónomos, permitindo-lhes perceber, analisar e agir em tempo real para garantir uma condução segura e eficiente. A sua conceção exige uma arquitetura robusta que integre múltiplos componentes, tais como módulos de deteção, de tomada de decisões e de controlo, que trabalham em conjunto para interpretar o ambiente e executar acções precisas.

Nesta secção, exploraremos os elementos essenciais desta arquitetura, incluindo a importância dos sistemas distribuídos para o tratamento de grandes volumes de dados e a forma como a interação entre módulos garante um funcionamento coordenado. Também analisaremos as vantagens do desenvolvimento ágil para se adaptar às rápidas mudanças tecnológicas e estudos de caso de arquiteturas bem-sucedidas, como a Waymo e a Tesla, que destacam soluções inovadoras para os desafios atuais.

Principais componentes de software

O software dos veículos autónomos baseia-se em vários componentes essenciais que trabalham em conjunto para garantir um funcionamento seguro e eficiente. Os principais são:

- **Módulo de perceção**: Este módulo recolhe e processa dados do ambiente utilizando sensores como câmaras, Lidar e radar. Utilizando visão por computador e algoritmos de aprendizagem automática, identifica objectos, obstáculos e sinais de trânsito. A precisão é fundamental neste caso, uma vez que qualquer erro pode afetar decisões futuras. Por exemplo, deve distinguir claramente entre um peão e um objeto inanimado e reconhecer condições meteorológicas adversas que afectem a visibilidade (Zhou et al., 2020).

- **Módulo de tomada de decisão**: Depois de a informação ter sido processada pelo módulo de perceção, este componente avalia as possíveis acções a tomar. Utiliza técnicas como o Processo de Decisão de Markov (MDP) e algoritmos de planeamento para escolher a melhor rota ou ação de acordo com o contexto. Por exemplo, se detecta um semáforo vermelho, deve decidir se pára ou continua, em função da presença de outros veículos ou peões (Bhatia et al., 2021).
- **Módulo de controlo**: Este componente executa as decisões do sistema utilizando técnicas como o controlo preditivo (PCM), ajustando a velocidade e a direção do veículo para o manter na trajetória desejada, ao mesmo tempo que responde a alterações no ambiente (Kumar et al., 2020).
- **Interface de comunicação**: A comunicação é crucial, tanto entre os módulos internos como com outros veículos ou infra-estruturas inteligentes (V2V e V2I). Esta capacidade de trocar informações em tempo real permite que os veículos coordenem os seus movimentos e melhorem a segurança (Chen et al., 2019).

Cada módulo deve ser concebido com robustez e fiabilidade para garantir a segurança do veículo e dos seus ocupantes. A integração eficaz entre estes módulos é vital para proporcionar uma experiência de utilização suave e segura.

Figura **2**

Principais componentes de software.

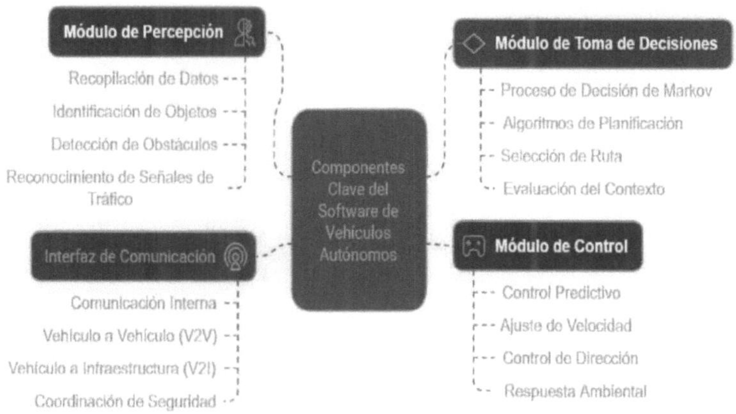

Fonte: Elaboração própria

Conceção de sistemas distribuídos

A arquitetura dos sistemas distribuídos é essencial nos veículos autónomos, uma vez que permite processar grandes volumes de dados em tempo real. Cada sensor no veículo gera dados simultaneamente, o que requer uma estrutura que lide com essa carga sem sacrificar o desempenho.

Os sistemas distribuídos permitem que diferentes módulos trabalhem em paralelo, melhorando a eficiência e reduzindo os tempos de resposta. Por exemplo, enquanto um módulo processa dados visuais, outro pode avaliar informações de radar ou Lidar. Além disso, esta estrutura facilita a implementação de estratégias de redundância, em que módulos alternativos podem assumir funções em caso de falha, aumentando assim a resiliência do sistema (González et al., 2021).

No entanto, os sistemas distribuídos também apresentam desafios na sincronização e gestão do estado entre módulos, pelo que é essencial estabelecer protocolos robustos para garantir que todos os componentes têm acesso a informações actualizadas e coerentes.

Interação entre perceção, tomada de decisão e controlo

A interação entre os módulos de deteção, de decisão e de controlo é essencial para garantir um funcionamento seguro e sem problemas.

- **Iniciar na perceção**: O processo começa com o módulo de perceção, que recolhe dados sobre o ambiente utilizando sensores.
- **Avaliação na tomada de decisões**: Em seguida, o módulo de tomada de decisões avalia as acções possíveis com base em algoritmos avançados. Por exemplo, se detetar um obstáculo, tem de decidir se deve travar, desviar-se ou parar.
- **Execução no controlo**: Uma vez tomada a decisão, o módulo de controlo implementa as acções necessárias. A comunicação efectiva entre estes módulos é essencial; qualquer atraso ou erro pode comprometer a segurança do veículo (González et al., 2021).

Além disso, esta interação deve ser adaptável a mudanças súbitas. Por exemplo, se um peão aparecer inesperadamente, o sistema deve reagir imediatamente para evitar um acidente, o que exige algoritmos rápidos e uma perceção precisa.

Figura **3**

Processo de funcionamento do veículo.

Fonte: Elaboração própria

Desenvolvimento ágil

O desenvolvimento ágil é uma metodologia popular no desenvolvimento de software para veículos autónomos devido à sua flexibilidade e abordagem iterativa. Permite que as equipas se adaptem rapidamente às mudanças nos requisitos ou no mercado, através de ciclos curtos de desenvolvimento e implementação. As novas funcionalidades são testadas em ambientes controlados antes da implementação final, permitindo a identificação e correção precoce de erros (Larman & Basili, 2003).

Uma das caraterísticas mais salientes do desenvolvimento ágil é a sua capacidade de se adaptar às necessidades variáveis do projeto. No contexto dos veículos autónomos, em que a tecnologia e os requisitos do mercado evoluem rapidamente, esta flexibilidade é crucial. As equipas ágeis podem responder a alterações na regulamentação, avanços tecnológicos ou mesmo feedback do utilizador final sem perder tempo ou recursos significativos. Isto é especialmente importante num sector em que a inovação contínua pode ser a diferença entre o sucesso e o fracasso.

A metodologia ágil incentiva a colaboração entre disciplinas - como engenheiros de software, especialistas em robótica e projectistas - o que melhora a integração entre hardware e software. Esta colaboração multidisciplinar é essencial para o desenvolvimento de sistemas complexos, como os veículos autónomos, em que a interação entre componentes físicos e lógicos deve ser perfeita e eficiente (Meyer et al., 2020).

A abordagem iterativa do desenvolvimento ágil envolve a divisão do trabalho em ciclos curtos denominados "sprints". Cada sprint culmina com uma revisão em que os resultados são avaliados e os passos seguintes são planeados. Este ciclo permite que as equipas façam ajustes rápidos com base no feedback recebido, o que é especialmente valioso quando se implementam novas funcionalidades ou se fazem melhorias nos sistemas existentes (Schwaber & Sutherland, 2017).

A utilização de testes automatizados é outra componente fundamental do desenvolvimento ágil. Estes testes garantem que cada nova funcionalidade não afecta negativamente o resto do sistema. A automatização dos testes permite às equipas detetar erros mais cedo no ciclo de desenvolvimento, reduzindo assim o tempo e o custo associados às correcções tardias (Crispin & Gregory, 2009). No contexto dos veículos autónomos, em que a segurança é fundamental, estes testes são essenciais para garantir que cada componente funciona corretamente em várias condições.

Uma abordagem comum é a implementação de testes unitários que verificam cada módulo individualmente e testes de integração que garantem que todos os módulos funcionam em conjunto como esperado. Isto não só melhora a qualidade do software, como também aumenta a confiança da equipa nas novas implementações.

Apesar das suas vantagens, a implementação do desenvolvimento ágil em veículos autónomos também enfrenta desafios significativos. Um dos principais desafios é garantir a segurança e a fiabilidade do software. Uma vez que os veículos autónomos operam em ambientes complexos e têm de interagir com outros utentes da estrada, qualquer erro pode ter consequências graves (Bhatia et al., 2020). Por conseguinte, é essencial que as práticas ágeis sejam complementadas por avaliações de segurança rigorosas.

Estudos de casos de arquitecturas bem sucedidas

Exemplos de arquitecturas bem sucedidas incluem:

Waymo: A sua arquitetura modular permite actualizações eficientes e rápidas sem perturbar as operações, graças à utilização de redes neurais profundas para a perceção e decisões baseadas em MDP. Isto permite-lhe navegar em ambientes urbanos complexos e adaptar-se a situações imprevistas (Waymo LLC, 2021).

Figura **4**

Waymo.

Fonte: Xataka

Tesla: A Tesla utiliza actualizações over-the-air (OTA) para melhorar continuamente o seu software autónomo. Esta arquitetura facilita a integração de novos algoritmos utilizando dados recolhidos durante a utilização diária, permitindo-lhes lançar novas funcionalidades sem a necessidade de visitar uma oficina (Tesla Inc., 2021).

Figura **5**

Tesla.

Fonte: Infobae

Simulador CARLA: Utilizado pelos investigadores para testar arquitecturas em cenários complexos, permite avaliar o desempenho em diversas condições sem os riscos dos testes físicos. É uma ferramenta inestimável para validar algoritmos antes de os implementar em ambientes reais (Dosovitskiy et al., 2017).

Figura **6**

Carla Simulator.

Fonte:carlasimblog.wordpress.

Estes casos destacam a forma como as diferentes abordagens arquitectónicas podem contribuir para o sucesso global do desenvolvimento e implementação eficazes de software para veículos autónomos. À medida que a tecnologia avança, será interessante ver como estas arquitecturas evoluem para enfrentar desafios novos e emergentes.

Capítulo 2: Tecnologias, desafios e perspectivas dos veículos autónomos

A criação de veículos autónomos revolucionou a indústria automóvel e a forma como as pessoas se deslocam na cidade. Ao longo deste capítulo, analisaremos em pormenor as tecnologias mais proeminentes que permitem que os veículos funcionem sem intervenção humana e, em seguida, analisaremos os desafios e as vantagens que trazem para o futuro. Além disso, vamos aprofundar os sensores e a perceção do ambiente por parte do software, a inteligência artificial e a aprendizagem automática, bem como a fiabilidade e a segurança do software, para nos familiarizarmos com o seu impacto na sociedade.

Sensação e perceção no ambiente

A deteção do ambiente é crucial para o funcionamento seguro de um veículo autónomo. Os veículos utilizam uma variedade de sensores para recolher dados sobre o seu ambiente imediato.

Tipos de sensores utilizados

Os veículos autónomos utilizam uma vasta gama de sensores para recolher dados sobre o seu ambiente. Estes sensores são vitais para a perceção e a tomada de decisões. Os sensores mais utilizados são os seguintes:

Câmaras: São utilizadas para a deteção de objectos, o reconhecimento de sinais de trânsito e a leitura de semáforos. Uma câmara produz informações visuais que são essenciais para identificar peões e veículos próximos (Zhou et al., 2020).

Sensores ultrassónicos: medem a distância aos espaços circundantes. Os sensores ultrassónicos são frequentemente utilizados para ajudar na condução e no estacionamento (Kumar et al., 2019).

Lidar: Este sensor mede a distância utilizando um laser apontado a um objeto e um recetor para medir o tempo que as ondas demoram a refletir, detectando assim a alteração da velocidade de propagação causada pelo movimento do objeto. É útil para detetar obstáculos a várias distâncias e com pouca luz (Bhatia et al., 2021).

Radar: Utilizando ondas de rádio para detetar dados e medir factores, este sensor é eficaz em condições meteorológicas adversas, como a chuva ou o nevoeiro, porque outros sensores falham (González et al., 2021).

A combinação de todos estes sensores garante que os veículos autónomos reconheçam e tomem decisões relativamente ao ambiente que os rodeia.

Processamento de dados sensoriais

O processamento de dados sensoriais representa uma etapa crítica na operação de veículos autónomos, uma vez que os dados obtidos através da recolha de sensores devem ser analisados em tempo real para permitir decisões corretas e rápidas. Esta etapa inclui um conjunto de passos essenciais que convertem os sinais sinusoidais brutos obtidos pelos sensores em informação útil para a tomada de decisões. As etapas deste processo são:

- **Filtragem:** Remoção do ruído e dos dados irrelevantes através do algoritmo de filtragem de Kalman ou do algoritmo de suavização (Welch & Bishop, 1995).
- **Segmentação:** Identificação de objectos isoláveis no ambiente, utilizando o algoritmo segmentador baseado em regiões e técnicas de agrupamento.
- **Reconhecimento:** Classificação da deteção, dos peões e dos veículos através de aprendizagem automática, especialmente Máquinas de Vectores de Suporte ou Redes Neuronais Convolucionais (CNN) (LeCun et al., 2015).

As técnicas utilizadas neste tratamento são essenciais para garantir que o veículo possa tomar decisões corretas.

Fusão de sensores e integração de informações

A fusão de sensores é um processo essencial que combina informações de várias fontes para melhorar a perceção do ambiente. Esta abordagem permite que os veículos autónomos tenham uma visão mais completa e precisa, o que é crucial em situações complexas.

A fusão pode ter lugar a diferentes níveis:

- A combinação de informações Lidar com fotografias pode melhorar a deteção em situações difíceis, como o nevoeiro ou a chuva (Doherty et al., 2017).
- Os sistemas recomendados utilizam métodos como o Filtro de Kalman Alargado para calcular as posições com maior exatidão, fundindo a informação inercial com o GPS (Bar-Shalom et al., 2001).

Algoritmos de deteção de objectos

Os algoritmos de identificação de objectos são essenciais para o desempenho seguro e eficiente dos veículos autónomos. Estes algoritmos facilitam a identificação e a categorização de elementos no ambiente, como outros carros, peões, ciclistas e obstáculos isolados.

Existem várias técnicas utilizadas na identificação de objectos, como os métodos baseados na visão por computador que empregam métodos como as redes neurais convolucionais (CNN) para processar imagens capturadas por câmaras (González et al., 2021)._ Estes procedimentos provaram ser altamente eficazes em ambientes bem iluminados, mas podem enfrentar desafios em circunstâncias desfavoráveis.

Deteção baseada em Lidar que utiliza nuvens de pontos produzidas por Lidar para reconhecer objectos através de algoritmos específicos que estudam a geometria do ambiente (Chen et al., 2019). Esta técnica é particularmente benéfica em circunstâncias em que as câmaras podem não funcionar corretamente.

A fusão multimodal é também essencial, fundindo dados visuais com informações de radar ou Lidar para aumentar a precisão em situações difíceis ou complexas. Este método provou ser eficaz para aumentar a robustez global do sistema face às variações ambientais.

Figura ***7***

Algoritmos de deteção de objectos.

Fonte: Elaboração própria

Estes algoritmos devem ser robustos e eficientes, capazes de funcionar em tempo real quando lidam com grandes quantidades de dados provenientes de múltiplos sensores.

Desafios de perceção e soluções propostas

Apesar dos progressos notáveis nas tecnologias sensoriais, os veículos autónomos enfrentam vários desafios relacionados com a perceção:

- **Condições meteorológicas adversas:** a precipitação, a neve ou o nevoeiro podem influenciar o desempenho das câmaras e do Lidar. Para resolver este problema, estão a ser desenvolvidos algoritmos que empregam a aprendizagem profunda para melhorar o reconhecimento em situações difíceis (Zhou et al., 2020). Além disso, estão a ser investigados métodos híbridos que combinam vários tipos de sensores para atenuar essas limitações.
- **Ambientes urbanos complexos:** A intensidade do tráfego e a presença constante de peões colocam desafios únicos. Estão a ser implementadas simulações sofisticadas que facilitam o treino de sistemas em vários contextos antes da sua execução real (Bhatia et al., 2021). Estas simulações ajudam a equipar os sistemas para circunstâncias inesperadas através da utilização extensiva de ambientes virtuais nos quais podem ser experimentadas diferentes condições de funcionamento sem perigo físico.
- **Interferência visual:** Elementos como sombras ou reflexos podem causar confusão nos sistemas sensoriais. Estão a ser investigados métodos preferenciais, como as redes neurais adversariais generativas (GAN), que podem ajudar a aumentar a qualidade do reconhecimento nestas circunstâncias difíceis (Gonzalez et al., 2021).

Inteligência artificial e aprendizagem automática em veículos autónomos

A inteligência artificial (IA) é um componente essencial do funcionamento dos veículos autónomos, permitindo-lhes aprender e adaptar-se ao seu ambiente.

A IA permite que os veículos autónomos interpretem grandes volumes de dados provenientes de sensores. Estes dados são essenciais para a perceção do ambiente, incluindo a identificação de obstáculos, sinais de trânsito e outros veículos. De acordo com um estudo recente, a integração de técnicas avançadas de engenharia de dados e de modelos de aprendizagem automática melhora significativamente o desempenho e a segurança dos veículos autónomos, permitindo decisões mais precisas e mais rápidas em situações complexas (Advancement of Machine Learning and its Applications, n.d.).

Introdução à Inteligência Artificial

A inteligência artificial (IA) desempenha um papel essencial na evolução dos veículos autónomos. Ao implementar algoritmos preferenciais, os sistemas podem aprender a tomar decisões com base em experiências anteriores, optimizando assim o seu desempenho ao longo do tempo. A inteligência artificial permite que os veículos não só respondam às circunstâncias actuais, mas também prevejam possíveis situações futuras através de análises preditivas.

- **Perceção:** identificação e interpretação melhoradas do ambiente através de métodos preferenciais, como a aprendizagem profunda.
- **Tomada de decisões:** Permite a avaliação de múltiplas opções com base nos dados recolhidos para selecionar as acções mais seguras e mais eficientes.
- **Planeamento:** ajuda a definir os itinerários ideais, tendo em conta elementos como o tráfego, as condições meteorológicas e possíveis barreiras (Bhatia et al., 2021).

Aprendizagem automática

A aprendizagem automática é classificada em dois tipos: aprendizagem supervisionada e aprendizagem não supervisionada.

Aprendizagem supervisionada: Nesta metodologia, um modelo é treinado utilizando um conjunto rotulado em que cada entrada tem uma saída específica identificada. Este procedimento é benéfico para tarefas como a classificação e a identificação, em que é necessária uma elevada precisão (González et al., 2021). Por exemplo, a aprendizagem supervisionada pode ser utilizada para treinar um sistema de reconhecimento de peões com base em imagens rotuladas.

Aprendizagem não supervisionada: Em contraste com a abordagem supervisionada, este método lida com conjuntos não rotulados, procurando padrões ou estruturas subjacentes sem orientação prévia. Este procedimento é benéfico para o agrupamento ou a redução da dimensionalidade, permitindo a identificação de relações ocultas no conjunto de dados (Zhou et al., 2020).

Figura **8**

Tipos de aprendizagem automática.

Fonte: Elaboração própria

Ambas as abordagens têm aplicações úteis no domínio dos veículos autónomos, oferecendo flexibilidade em função do tipo específico de tarefa problemática a tratar.

Redes Neuronais e Aplicações

As redes neurais são um elemento essencial na aprendizagem profunda utilizada pelos veículos autónomos. Estas construções foram concebidas para reproduzir o funcionamento do cérebro humano através de camadas interligadas que tratam informações complexas.

As aplicações mais comuns incluem:

- **Deteção e classificação:** As redes neurais convolucionais (CNN) são amplamente utilizadas no processamento de imagens captadas por câmaras, facilitando a identificação de objectos com elevada precisão (Bhatia et al., 2021).
- **Previsão:** As redes neuronais recorrentes (RNN) são úteis para prevenir comportamentos futuros com base em sequências temporais, como a prevenção de movimentos de peões ou de modificações do tráfego.

- Controlo adaptativo: As redes neuronais também podem ser utilizadas para modificar dinamicamente os parâmetros do sistema de controlo com base em condições ambientais variáveis (González et al., 2021).

As redes neuronais profundas provaram ser particularmente eficazes devido à sua capacidade de representar relações não lineares complexas entre variáveis (Goodfellow et al., 2016).

Sistemas de recomendação e previsão

Os sistemas de recomendação são ferramentas úteis que podem ser incorporadas no software dos veículos autónomos para otimizar a experiência do utilizador; estes sistemas utilizam algoritmos preferenciais para examinar as preferências individuais e fornecer recomendações personalizadas sobre os percursos pretendidos com base no comportamento anterior.

Além disso, os sistemas preditivos podem antecipar eventos futuros através da análise estatística de dados históricos recolhidos durante as operações quotidianas dos veículos; isto implica antecipar o congestionamento de veículos e identificar padrões comuns que possam influenciar a hora de chegada prevista (Chen et al., 2019).

A implementação eficaz de sistemas de recomendação e de previsão pode ser benéfica não só do ponto de vista operacional, mas também em termos de uma experiência mais suave e intuitiva para os utilizadores finais. Isto facilita o processo de tomada de decisões informadas e melhora as escolhas de itinerários, aumentando assim a eficiência e a satisfação do utilizador na sua interação com o sistema.

A incorporação de sistemas preditivos e de recomendação não só melhora o desempenho operacional, como também altera a experiência do utilizador, simplificando a tomada de decisões baseada em dados e aumentando a eficiência na utilização de veículos autónomos.

Desafios éticos na IA

À medida que o avanço tecnológico dos veículos autónomos avança, surgem questões éticas importantes relacionadas com a implementação generalizada deste novo modo de mobilidade do futuro moderno:

Responsabilidade jurídica: Se ocorrerem acidentes com veículos autónomos, coloca-se a questão de saber quem é responsável - o próprio fabricante do software - o que coloca desafios jurídicos consideráveis (Bhatia et al., 2021).

Decisões morais: Os algoritmos têm de estar preparados para tomar decisões cruciais em circunstâncias de risco; isto gera dilemas éticos sobre como conceber corretamente estas decisões (González et al., 2021). Por exemplo, se ocorrer um acidente inevitável, deve o veículo dar prioridade à proteção dos ocupantes em vez de proteger um grupo maior?

Privacidade: A recolha em grande escala dos dados necessários para funcionar eficazmente suscita preocupações quanto ao modo de tratar esses dados pessoais e as informações sensíveis relacionadas com os utilizadores finais envolvidos; isto exige um tratamento cuidadoso por parte dos criadores e dos reguladores, à medida que nos aproximamos de um futuro em que esses veículos serão comuns.

Segurança e fiabilidade do software

A segurança e a fiabilidade do software são pilares fundamentais no desenvolvimento de veículos autónomos, devido às consequências potencialmente graves que podem advir de falhas técnicas ou ciberataques. Um sistema de software robusto deve garantir não só a proteção contra ameaças externas, mas também um funcionamento eficiente e fiável em várias condições.

Esta secção abordará os princípios fundamentais para a conceção de software seguro, incluindo as práticas de validação e teste necessárias para garantir a sua qualidade. Além disso, serão exploradas abordagens à gestão de riscos e à resposta a incidentes, bem como os regulamentos e normas que regem este domínio. Finalmente, serão discutidas as perspectivas futuras em matéria de segurança, destacando as tecnologias emergentes que procuram reforçar a confiança do público nos sistemas autónomos.

Conceitos de segurança de software

A segurança do software é essencial no desenvolvimento e na implantação de veículos autónomos, devido às consequências potencialmente mortais associadas a erros técnicos e ataques maliciosos. É essencial estabelecer práticas sólidas desde as fases iniciais até à implantação final:

Conceção da segurança: A inclusão de princípios de conceção da segurança no início do processo de desenvolvimento ajuda a reduzir as vulnerabilidades antes de surgirem problemas operacionais reais. Isto implica a realização de um estudo pormenorizado dos riscos potenciais associados a cada elemento do sistema, garantindo que os pontos fracos são tratados antes de se tornarem riscos significativos (Kamin, 2017).

A conceção segura deve incluir:

Análise de risco: Avaliação das potenciais ameaças e dos seus possíveis impactos. Esta análise deve ser contínua e adaptável à medida que as tecnologias e os ambientes operacionais evoluem (VeRA, 2020).

Princípios de defesa em profundidade: Implementar vários níveis de segurança para proteger os sistemas. Isto significa que, se um nível falhar, os outros podem continuar a proteger o sistema (ISO/SAE 21434, 2021).

Revisão do código: Efetuar auditorias regulares ao código-fonte para identificar vulnerabilidades antes de estas serem exploradas. As ferramentas automatizadas podem ajudar a detetar erros comuns e vulnerabilidades conhecidas (Bhatia et al., 2020).

A implementação de uma conceção segura desde o início não só ajuda a mitigar os riscos, como também pode reduzir significativamente os custos associados a correcções posteriores e à gestão de crises.

Encriptação forte: A segurança das ligações entre os módulos internos e as ligações externas protege contra o acesso indevido e as interferências prejudiciais durante o funcionamento normal. A encriptação forte é essencial para proteger a integridade dos dados e garantir que as informações sensíveis não são susceptíveis de ataques externos.

As estratégias de encriptação devem incluir:

Encriptação em trânsito: Assegurar que todos os dados transmitidos entre os componentes do veículo são encriptados para evitar a interceção. Isto é especialmente importante nas comunicações entre o veículo e a infraestrutura externa (como sinais de trânsito ou sistemas de controlo central) (Kamin, 2017).

Encriptação em repouso: Proteger os dados armazenados no interior do veículo, tais como informações de encaminhamento ou preferências do condutor, com uma encriptação forte para impedir o acesso não autorizado no caso de o veículo ser fisicamente comprometido.

Gestão das chaves: Aplicar políticas rigorosas para a gestão das chaves criptográficas utilizadas na cifragem. Isto inclui a rotação regular de chaves e a revogação imediata em caso de comprometimento (ISO/SAE 21434, 2021).

A encriptação forte é uma defesa essencial contra os ciberataques, garantindo que, mesmo que um atacante tenha acesso a um sistema, não pode obter informações valiosas sem as chaves certas.

Testes e validação: A validação rigorosa do software é outra componente crítica para garantir a segurança dos veículos autónomos. Isto inclui testes extensivos para identificar vulnerabilidades antes de o software ser implementado num ambiente real. Os testes devem abranger:

Testes unitários: avaliação de componentes de software individuais para garantir o seu correto funcionamento antes da integração.

Testes de integração: garantir que os diferentes módulos do sistema funcionam corretamente em conjunto. É vital para detetar problemas que podem não ser evidentes ao testar componentes separados (Schwaber & Sutherland, 2017).

Testes de penetração: Simulação de ataques cibernéticos para avaliar a resistência do sistema a ameaças externas. Estes testes ajudam a identificar os pontos fracos da arquitetura do software e permitem que sejam feitos ajustes antes do lançamento final (Crispin & Gregory, 2009).

Sensibilização e formação: A formação contínua do pessoal envolvido no desenvolvimento e manutenção de software é essencial para manter elevados padrões de segurança. Os engenheiros devem estar bem informados sobre as mais recentes ciberameaças e as melhores práticas para as atenuar (Fitzgerald & Stol, 2017).

As estratégias devem incluir:

Programas de formação regulares: atualizar o pessoal sobre as novas tecnologias e métodos de segurança do software.

Simulações de resposta a incidentes: A realização de exercícios práticos em que a equipa responde a situações simuladas de ciberataque pode ajudar a preparar melhor o pessoal para incidentes reais.

As acções acima referidas são essenciais para garantir a segurança e a fiabilidade dos sistemas de veículos autónomos. A aplicação efectiva de práticas sólidas, desde a conceção até à validação, não só protege contra erros técnicos e ataques maliciosos, como também reforça a confiança do público nesta tecnologia emergente. medida que os veículos autónomos continuam a desenvolver-se e a integrar-se nas nossas sociedades, garantir a sua segurança será fundamental para a sua adoção generalizada.

Teste e validação de software

É essencial efetuar testes rigorosos para garantir que o software funciona corretamente em diferentes condições de funcionamento antes da sua implementação efectiva:

- **Testes unitários:** Validar funções individuais dentro do código, garantindo o funcionamento correto e isolado antes da integração global com outros componentes; isto facilita a deteção precoce de erros para evitar problemas mais graves durante as fases posteriores do desenvolvimento e da implementação final.
- **Ensaios funcionais e integrados:** Avaliações mais extensas garantem que as interações entre os módulos funcionam como esperado em condições simuladas representativas e realistas; isto inclui ensaios físicos e virtuais em que simulam situações complexas comuns encontradas durante o funcionamento diário.

Estas avaliações devem ser efectuadas de forma contínua ao longo do ciclo de vida do software, o que garante não só a qualidade, mas também a fiabilidade global, à medida que são acrescentadas funcionalidades adicionais ao longo do tempo.

Gestão de riscos e resposta a incidentes

A gestão adequada dos riscos é crucial, dado o elevado nível de envolvimento na segurança pública. Isto implica a identificação de potenciais ameaças e o estabelecimento de protocolos claros de resposta a incidentes:

Avaliação contínua dos riscos potenciais: inclui a deteção de riscos cibernéticos e de erros técnicos internos que possam pôr em risco a segurança do sistema.

Estabelecimento de procedimentos claros: É necessário estabelecer protocolos para uma reação imediata a incidentes, garantindo a redução dos danos colaterais e reduzindo o efeito adverso global nos utilizadores finais envolvidos.

Desenvolvimento de estratégias de recuperação após um incidente: É crucial garantir a rápida recuperação da funcionalidade normal após qualquer evento negativo, sem comprometer a segurança durante o processo de recuperação.

Estabelecer normas mínimas: É essencial estabelecer normas mínimas para garantir a qualidade e o bom funcionamento dos sistemas de software utilizados nos veículos autónomos.

Criação de quadros regulamentares claros: É necessário criar quadros regulamentares que estabeleçam obrigações e controlem o cumprimento da regulamentação existente, garantindo assim a proteção dos utilizadores finais.

Colaboração entre governos e reguladores: A colaboração entre agências governamentais, reguladores e o sector privado é um elemento-chave no desenvolvimento do sector privado.

essencial para promover o avanço das melhores práticas, garantindo a segurança e criando a confiança do público na adoção em larga escala destes novos meios de mobilidade.

Realização de auditorias regulares: É essencial efetuar auditorias regulares para confirmar a conformidade com a regulamentação e garantir o cumprimento permanente das normas estabelecidas.

Estas ações são essenciais para garantir que os veículos autónomos operam de forma segura e eficaz num contexto regulamentado (Bhatia et al., 2021), assegurando assim que os riscos associados à sua operação são geridos de forma adequada (González et al., 2021).

Futuro da segurança dos veículos autónomos

O futuro da segurança no contexto dos veículos autónomos promete ser excitante, mas também desafiante. À medida que as tecnologias subjacentes continuam a evoluir, devem também ser abordadas as preocupações emergentes relacionadas com a proteção dos utilizadores finais envolvidos, como as que se seguem:

Desenvolver soluções inovadoras: É vital aumentar a resiliência aos ciberataques, assegurando a integridade dos sistemas operativos críticos a bordo dos veículos (Bhatia et al., 2021). Tal implica acções proactivas para identificar e reduzir as ameaças antes que estas causem danos significativos.

Implementação de inteligência artificial avançada: A capacidade de identificar irregularidades em comportamentos irregulares na rede de comunicações é essencial para detetar potenciais ameaças antes que estas possam efetivamente materializar-se (Zhou et al., 2020). Para tal, é necessária a implementação de algoritmos avançados que examinem padrões e comportamentos em tempo real.

Promover a colaboração público-privada: A partilha de dados e de boas práticas entre governos, reguladores e indústrias privadas é essencial para garantir uma preparação adequada para potenciais incidentes futuros associados a este novo modo de transporte (González et al., 2021). A colaboração entre sectores pode promover a criação de normas e protocolos que aumentem a segurança global.

Incorporar o feedback contínuo dos utilizadores finais: Dar respostas rápidas e eficazes às preocupações de segurança apresentadas é crucial para preservar a confiança do público na adoção generalizada destes novos meios de mobilidade moderna (Chen et al., 2019). O feedback proactivo pode ajudar a identificar áreas de melhoria e a modificar as políticas e tecnologias em conformidade.

Estas estratégias são fundamentais para construir um futuro seguro e fiável para os veículos autónomos, garantindo que os riscos associados ao seu funcionamento são devidamente geridos.

Impacto social e o futuro da mobilidade

O advento dos veículos autónomos está a transformar as cidades, a economia e o ambiente, ao mesmo tempo que coloca desafios éticos e jurídicos significativos. Esta tecnologia promete redesenhar as infra-estruturas urbanas, criar novas oportunidades de emprego e promover a sustentabilidade, ao mesmo tempo que desloca os papéis tradicionais e exige regulamentos claros para uma implementação responsável.

Nesta secção, explicaremos o impacto da condução autónoma nas infra-estruturas, no emprego, na economia e na sustentabilidade, reflectindo sobre o seu potencial para melhorar a qualidade de vida e ligar as comunidades de forma mais eficiente e sustentável.

Alterações nas infra-estruturas urbanas

A chegada maciça de veículos autónomos transformará radicalmente as infra-estruturas urbanas existentes, o que inclui:

Reformulação das ruas e dos cruzamentos: Os fluxos de tráfego serão melhorados tendo em conta as exigências específicas associadas à expansão dos novos modos de transporte. Esta reestruturação é crucial para promover a incorporação de veículos autónomos no contexto urbano, aumentando a segurança e a eficiência do tráfego (González et al., 2021).

Implementação de estações de carregamento rápido: No futuro, serão instaladas estações de carregamento estrategicamente localizadas e acessíveis, garantindo a disponibilidade de energia necessária para o funcionamento constante destes novos meios de mobilidade moderna. A organização adequada destes postos é essencial para promover a adoção generalizada de veículos eléctricos e autónomos (Bhatia et al., 2021).

Desenvolvimento de espaços públicos amigáveis: Serão construídos locais onde ciclistas e peões possam coexistir harmoniosamente com veículos eléctricos automatizados, promovendo assim estilos de vida sustentáveis e saudáveis na comunidade. Esta perspetiva visa não só aumentar a qualidade do ar, mas também promover uma interação social mais intensa nos ambientes urbanos (Zhou et al., 2020).

Integração de tecnologias inteligentes: As tecnologias inteligentes serão implementadas nas infra-estruturas existentes, facilitando a comunicação eficiente entre os automóveis e as infra-estruturas urbanas. Isto aumentará o desempenho global do sistema de transportes urbanos, promovendo uma gestão mais eficiente do tráfego e diminuindo os tempos de deslocação (Chen et al., 2019).

Estas modificações são essenciais para equipar as cidades para o futuro da mobilidade, assegurando que as infra-estruturas correspondem às novas realidades tecnológicas.

Efeitos sobre o emprego e a economia

O efeito económico ligado à implementação maciça deste novo meio de transporte será considerável; isto engloba tantas novas possibilidades como desafios no mercado de trabalho atual:

Criação de emprego: Serão criados empregos ligados ao avanço e à preservação da tecnologia que suporta estes novos meios de mobilidade contemporânea. Isso inclui empregos para engenheiros, desenvolvedores e especialistas em segurança cibernética, entre outros (Bhatia et al., 2021). A necessidade de profissionais competentes nestas áreas aumentará à medida que a indústria de veículos autónomos se desenvolve.

Deslocação dos empregos tradicionais: a automatização e a implementação de veículos autónomos poderão substituir os empregos tradicionais ligados à condução manual. Isto resultará na necessidade de formar a força de trabalho atual para se adaptar às novas exigências e competências necessárias nas futuras indústrias emergentes ligadas a este domínio (González et al., 2021). É crucial estabelecer programas de formação que ajudem os trabalhadores a transitar para posições mais técnicas e especializadas.

Alterações nos padrões de consumo: A diminuição dos custos de transporte promoverá o desenvolvimento em áreas económicas próximas, como a logística, a distribuição e os serviços de comércio eletrónico. Estas mudanças promoverão um impulso económico geral, que poderá levar a um aumento do emprego e a melhorias na eficiência do mercado (Zhou et al., 2020).

Estes factores sublinham a importância de capacitar tanto os trabalhadores como as infra-estruturas para maximizar os benefícios financeiros da implantação de veículos autónomos.

Aspectos éticos e jurídicos

Os aspectos jurídicos relacionados com a responsabilidade são cruciais no contexto dos veículos autónomos. À medida que esta tecnologia avança, são necessárias novas regulamentações para definir quem assume a responsabilidade em caso de acidente. Isto implica considerar tanto o produtor do veículo como o proprietário. A complexidade desta situação reside na natureza do funcionamento dos veículos autónomos, que operam através de algoritmos e sistemas de inteligência artificial, levantando questões sobre a responsabilidade em situações em que uma decisão crítica deve ser tomada pelo veículo.

A responsabilidade no domínio dos veículos autónomos deve ser reavaliada para se adaptar às novas realidades. Tradicionalmente, a responsabilidade recai sobre o condutor; no entanto, no caso de um veículo autónomo, é necessário determinar se a culpa é do fabricante do software, do proprietário do veículo ou mesmo do próprio sistema de inteligência artificial. A União Europeia começou a abordar estas questões através da revisão das leis existentes e da introdução de diretivas que procuram melhorar a proteção das vítimas em acidentes que envolvem veículos automatizados (Michel, 2020).

Além disso, devem ser estabelecidas orientações claras sobre a forma de lidar com situações em que um veículo autónomo tem de tomar decisões moralmente complicadas durante um acidente iminente. Por exemplo, se um veículo tiver de escolher entre salvar os seus ocupantes ou um grupo de peões, coloca-se a questão: quem é responsável por essa decisão? Este dilema ético não só afecta a programação do veículo, como também tem implicações legais significativas (Bustamante Donas, 2022).

Sustentabilidade e ambiente

Os veículos autónomos têm o potencial de contribuir significativamente para uma mobilidade mais sustentável. A sua implementação pode transformar a dinâmica dos transportes urbanos, optimizando o tráfego e reduzindo assim as emissões globais. Isto traduz-se numa redução considerável do consumo de energia associado aos transportes, especialmente em zonas urbanas congestionadas. A capacidade de comunicação dos veículos autónomos entre si e com a infraestrutura rodoviária permite uma gestão mais eficiente do tráfego, o que pode minimizar o congestionamento e melhorar o fluxo de veículos (Fagnant & Kockelman, 2015).

A eficácia dos veículos autónomos na melhoria da sustentabilidade depende, em grande medida, das políticas públicas que os acompanham. É essencial que os governos estabeleçam regulamentos que promovam a adoção de tecnologias limpas e incentivem a partilha de automóveis. As políticas que incentivam a eletrificação dos transportes também são cruciais, uma vez que os veículos elétricos, combinados com capacidades autónomas, podem reduzir ainda mais as emissões de carbono (Bösch et al., 2018).

É importante considerar os efeitos de ricochete associados à adoção de veículos autónomos. Esses efeitos podem se manifestar como um aumento no uso geral de veículos devido à conveniência, o que poderia compensar algumas das reduções de emissões esperadas (Feng et al., 2020). Por conseguinte, é essencial que as estratégias de implementação incluam medidas para mitigar estes efeitos ( ).

Estudos actuais indicam que, se as políticas públicas que favorecem estes novos modelos de veículos forem corretamente aplicadas, poderá ser alcançada uma diminuição significativa do impacto ecológico associado ao transporte privado (Fagnant & Kockelman, 2015).

Tendências futuras

O futuro promete uma inovação contínua, onde esperamos assistir a uma maior integração entre diferentes modos de transporte, por exemplo, sistemas intermodais onde os utilizadores podem facilmente alternar entre os transportes públicos tradicionais e os serviços baseados em veículos autónomos.

À medida que avançamos para um futuro em que estes veículos são cada vez mais comuns, é essencial abordar tanto os seus benefícios como os desafios inerentes através de uma investigação contínua e de uma implementação responsável.

Conclusões

O desenvolvimento dos veículos autónomos constituiu um marco na história da tecnologia, desafiando os limites do conhecimento humano e transformando a nossa interação com o mundo. Este livro explora em profundidade os fundamentos, as tecnologias e os desafios que tornaram possível esta revolução, deixando claro que estes avanços foram muito mais do que realizações técnicas; representaram uma mudança profunda na forma como concebemos a mobilidade e a nossa relação com a tecnologia.

A integração da inteligência artificial, dos sistemas de perceção e da arquitetura de software permitiu que os veículos autónomos optimizassem a mobilidade e reduzissem o erro humano nos transportes. No entanto, estes avanços levantaram também questões éticas e desafios sociais que exigiram uma resposta responsável por parte dos responsáveis pelo seu desenvolvimento. A reflexão sobre estes desafios e as soluções propostas foi fundamental para compreender como o progresso tecnológico foi equilibrado com a necessidade de proteger os direitos e a privacidade das pessoas.

O impacto social e económico dos veículos autónomos foi notável. Alteraram e continuarão a alterar as infra-estruturas urbanas, criaram novas oportunidades de emprego em sectores tecnológicos e redefiniram a economia de cidades inteiras. Mas estas conquistas também trouxeram consigo a necessidade de transformar as competências da mão de obra e de repensar a conceção das nossas cidades para as adaptar a uma mobilidade mais eficiente e sustentável.

Com esta obra, encerrou-se um capítulo fundamental na compreensão de como a humanidade foi capaz de moldar o futuro de forma responsável e criativa. O leitor é convidado a refletir sobre a forma como, com o tempo, estas decisões moldaram não só um sistema de transportes mais seguro e eficiente, mas também uma sociedade mais conectada e consciente dos desafios éticos que acompanharam o progresso.

REFERÊNCIAS

Avanço do aprendizado de máquina e suas aplicações (n.d.). *Semantic Scholar.* https://www.semanticscholar.org/paper/15d4f93b210a354f6ca6f78339c2bdc6739 2e9af

Anderson, J., Kalra, N., Stanley, K., & Sorensen, P. (2016). *Vehicular autonomy: Evaluation and implications.* RAND Corporation.

Bar-Shalom, Y., Li, X.-R., & Kirubarajan, T. (2001). *Estimation with Applications to Tracking and Navigation.* Wiley-Interscience.

Bhatia, P., Jain, S., & Sharma, A.K. (2020). Revisão da tecnologia de radar para aplicações automotivas: tendências atuais e perspectivas futuras em sistemas de automação de veículos e medidas de segurança. *IEEE Transactions on Intelligent Transportation Systems, 21(3),* 1126-1137.

Bhatia, P., Kaur, S., & Kumar, A. (2021). Avanços recentes em técnicas de planeamento de movimento e comportamento para a arquitetura de software de veículos autónomos: um levantamento do estado da arte. *Journal of Autonomous Vehicles and Systems, 1*(1), 1-15. https://doi.org/10.1109/JAVS.2021.3050489

Bösch, P., Becker, H., Becker, J., & von der Gracht, H. A. (2018). Veículos autónomos: O impacto na mobilidade urbana e no ambiente. *Pesquisa em Transporte Parte D: Transporte e Meio Ambiente*, 61, 1-17.

Bustamante Donas, J. (2022). Dilemas éticos dos veículos autónomos: Responsabilidade ética, análise de risco e tomada de decisão. *Argumentos de Razão Técnica.*

Chen, W., Zhang, Y., & Wang, H. (2019). Arquitetura distribuída para veículos autónomos baseada em sistemas multiagentes. IEEE Transactions on Intelligent Transportation Systems, 20(6), 2210-2220.

Crispin, L., & Gregory, J. (2009). *Agile Testing: A Practical Guide for Testers and Agile Teams.* Addison-Wesley.

Doherty, P., O'Neill, M., & McCarthy, J.P. (2017). Fusão de sensores para veículos autónomos utilizando métodos de aprendizagem profunda: uma análise dos avanços recentes e dos desafios futuros em sistemas de transporte inteligentes e aplicações de segurança rodoviária*. *IEEE Transactions on Intelligent Transportation Systems, 18*(8), 2150-2164.

Dosovitskiy, A., Roscher, R., & Becker, M. (2017). CARLA: Um simulador aberto de condução urbana. *arXiv preprint arXiv:1711.03938.*

Fagnant, D. J., & Kockelman, K. M. (2015). Preparar uma nação para veículos autónomos: oportunidades e desafios. *Transportation Research Part A: Policy and Practice, 77,* 167-181. https:ZZdoi.org/10.1016Zj.tra.2015.04.003.

Feng, T., Wang, Z., & Chen, Y. (2020). Explorando o efeito de ricochete dos veículos autónomos no consumo de energia e nas emissões em áreas urbanas. *Cidades e Sociedade Sustentáveis*, 53, 101883.

Fitzgerald, B., & Stol, K.J. (2017). Engenharia de software contínua: um roteiro e

uma agenda. *Journal of Systems and Software, 123,* 176-189.
Gónzalez, J., Pérez-Cruz, F., & Bañares-Alcántara, R. (2021). Uma revisão dos sistemas de perceção para veículos autônomos: desafios e direções futuras. *Sensors, 21*(8), 2757. https:ZZdoi.org/10.3390Zs21082757
Goodall, N. J. (2014). Ética das máquinas e veículos automatizados. Em *Road Vehicle Automation* (pp. 93-102). Springer.
Goodfellow I., Bengio Y., & Courville A.(2016). *Deep Learning.* MIT Press.
ISOZSAE 21434. (2021). *Veículos rodoviários - Engenharia de cibersegurança.* Organização Internacional de Normalização.
Kamin, D.A. (2017). Explorando estratégias de segurança, privacidade e confiabilidade para permitir a adoção da IoT. *Estudo de doutoramento,* Universidade de Walden.
Kumar, A., Gupta, R., & Singh, S. (2020). Controlo preditivo de modelos para veículos autónomos: uma revisão e direcções futuras. *IEEE Transactions on Intelligent Transportation Systems, 21*(6), 2539-2554.
Larman, C., & Basili, V. R. (2003). Desenvolvimento iterativo e incremental: Uma breve história. *Computer, 36*(6), 47-56.
LeCun Y., Bottou L., Bengio Y., & Haffner P.(2015). Aprendizagem baseada em gradiente aplicada ao reconhecimento de documentos*. *Proceedings of the IEEE, 86*(11), pp.-2278-2324.
Litman, T. (2020). *Política de transportes e meio ambiente.* Instituto de Política de Transportes de Victoria.
Meyer, M., Huber, M., & Schmid, K. (2020). Desenvolvimento ágil na indústria automotiva: desafios e oportunidades para processos de desenvolvimento de produtos. Nos *Anais da Conferência Internacional sobre Desenvolvimento Ágil de Software* (pp. 1-15).
Navarro Michel, M. (2020). *A aplicação das normas de acidentes de trânsito aos causados por veículos automatizados e autónomos.* Semanticscholar. https://www.semanticscholar.org/paper/24e1ac657fd8512b94a5b7cd5a1 e138b5 78cc8bb
SAE International (2018). *Taxonomia e definições de termos relacionados com sistemas de automatização da condução para veículos a motor em estrada* (SAE J3016_201806). https://www.sae.org/standards/content/j3016_201806/
Schwaber, K., & Sutherland, J. (2017). O Guia do Scrum: O Guia Definitivo do Scrum: As Regras do Jogo
Tesla Inc. (2021). *Autopilot da Tesla.* https://www.tesla.com/autopilot
VeRA (2020). Metodologia de análise de risco de veículos para veículos autónomos. Obtido em https://www.semanticscholar.org/paper/d9e441741d5c3aff2dde27e543cc 07f499e c03fa

Waymo LLC (2021). *Tecnologia de condução autónoma da Waymo.* https://waymo.com/technology/

Welch G., & Bishop G.(1995). Uma introdução ao filtro de Kalman*. Em *SIGGRAPH Course Notes.*

Zhou, Y., Chen, J., & Zhang, Z. (2020). Aprendizagem profunda para a condução autónoma: uma análise dos avanços recentes e dos desafios futuros. *IEEE Transactions on Intelligent Transportation Systems, 22(5),* 2764-2778. https://doi.org/10.1109/TITS.2020.2970512

Printed by Books on Demand GmbH, Norderstedt / Germany